ERKENNEN, BASTELN, STAUNEN

DIE VIER JAHRESZEITEN

AUF ENTDECKUNGSREISE IN DER NATUR

François Lasserre * Isabelle Simler

moses.

EINLEITUNG
DIE NATUR IM LAUF DER JAHRESZEITEN

Frühling

Sommer

Herbst

Winter

DIE NATUR IM LAUF DER JAHRESZEITEN

Du hast sicher schon bemerkt, dass die Natur je nach Jahreszeit anders aussieht. Vielleicht fragst du dich, warum das so ist?
Die Jahreszeiten entstehen durch die Neigung der Erdachse im Verhältnis zur Umlaufbahn. Die Erde benötigt ein Jahr, um die Sonne einmal zu umrunden, und dreht sich gleichzeitig um ihre eigene Achse. Wir leben auf der Nordhalbkugel.

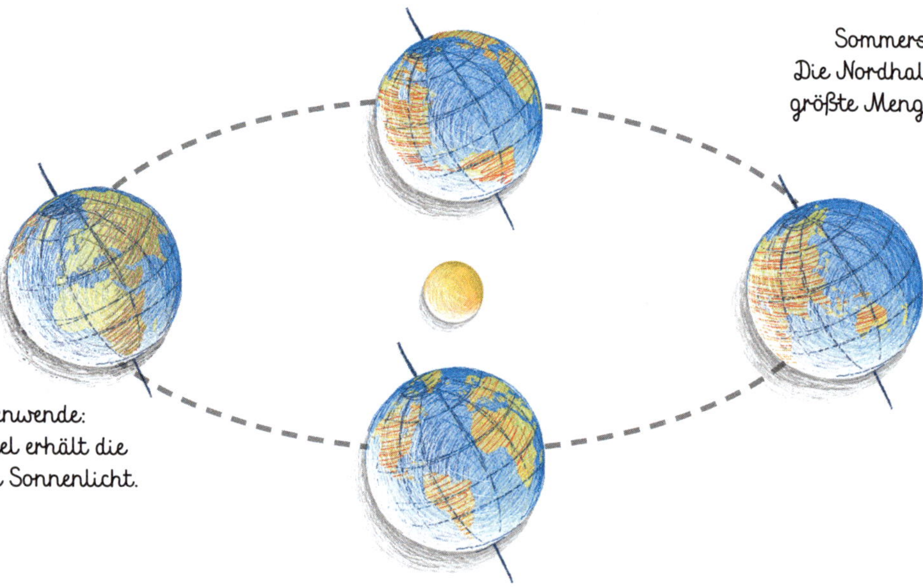

Wenn die Sonne nicht direkt über uns am Himmel steht, sondern in einem flacheren Winkel, ist es kalt, und wir haben Winter! Im Sommer ist das Gegenteil der Fall: Die Sonne steht fast senkrecht über uns, und ihre Strahlen heizen uns ein!
Wir leben im Rhythmus der Jahreszeiten. Im Winter machst du nicht die gleichen Sachen wie im Frühling oder Sommer und ziehst dich auch anders an.
Für die Pflanzen und Tiere ist es so ähnlich! Je nach Jahreszeit und entsprechend ihrer Anpassungsfähigkeit, gehen sie auf Wanderschaft oder kehren zurück, verkriechen oder verlieben sich, schlafen oder laufen herum!

Im Winter fliegen viele Vögel auf der Suche nach Nahrung bis nach Afrika, andere bleiben. Kröten und Insekten verstecken sich und bewegen sich monatelang nicht. Frühling und Sommer sind für alle Lebewesen die günstigsten Jahreszeiten: Es ist genügend Nahrung für alle da, und milde Temperaturen lassen die Pflanzen wachsen. Und auch wenn im Herbst viele Tiere nach Süden ziehen oder anfangen, einen Unterschlupf zu suchen, gibt es viel zu beobachten.
Du siehst: Die Natur kannst du das ganze Jahr hindurch erkunden! Dieses Heft hilft dir dabei: mit Anregungen und Vorschlägen, was für Lebewesen (Bäume, Säugetiere, Insekten, Blumen ...) es in jeder Jahreszeit zu entdecken gibt.

Auf den letzten Seiten findest du Kärtchen zum Heraustrennen. Stecke sie in vier Briefumschläge (für jede Jahreszeit einen) und nimm den passenden mit, wenn du spazieren gehst. Sieh dich um: Welchen Baum oder Vogel, welche Blume und welches Insekt erkennst du wieder?

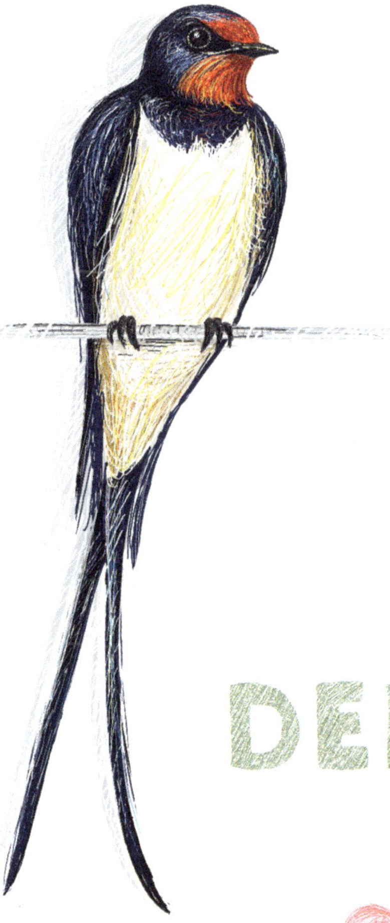

DER FRÜHLING

Vögel

1. Kuckuck

Wenn er zu Frühlingsbeginn aus Afrika geflogen kommt, erkennt man ihn an seinem Ruf: »*Kuckuck… kuckuck…*« Wenn er nicht singt, ist er sehr unauffällig. Nur Vogelkundlern gelingt es, ihn zu entdecken, im Flug oder auf einem Ast sitzend. Man erkennt ihn an seinen hellen Streifen am Bauch. Der Kuckuck baut kein eigenes Nest, sondern legt seine Eier anderen Vögeln ins Nest – im Schnitt 20 Eier in 20 verschiedene Nester! Das Kuckuck-Weibchen frisst eines der fremden Eier und ersetzt es durch das eigene. Die anderen Vögel ziehen dann den kleinen Kuckuck wie ein eigenes Kind auf.

2. Haubentaucher

Diesen Vogel kann man unmöglich mit anderen verwechseln: Seine Gestalt, seine Farben und die Federhaube sind einzigartig. An seinem Lieblingsort, einem Teich oder See, ist er leicht zu erkennen. Sein Balzritual ist ein wunderliches Schauspiel, vor allem, wenn sich die beiden Vögel im Wasser gegenüberstehen und die Köpfe schütteln, als wollten sie »nein, nein, nein« sagen! Sie reiben ihre Hälse aneinander und schwimmen nebeneinander her. Ihre Nester aus Schilfrohr bauen sie in sicherer Entfernung vom Ufer im Wasser. Die gestreiften Küken werden in den ersten Wochen von ihren Eltern auf dem Rücken getragen.

3. Rauchschwalbe

Kaum ist es Frühling geworden, sausen Schwalben kreuz und quer pfeilschnell durch den Himmel. Den Winter verbringen sie in Afrika. Nach der langen Reise kann man sie dabei beobachten, wie sie im Flug Insekten fangen und vertilgen. Mit ihren langen Schwanzfedern beeindrucken die Männchen die Weibchen. Für den Bau des Nestes aus Schlamm und Stroh sind die Weibchen zuständig. Ihre bumerangförmige Flugsilhouette am Himmel ähnelt der des Mauerseglers, aber die Rauchschwalbe ist, abgesehen von der Schwanzform, gut an ihrer hellen Unterseite zu erkennen.

4. Türkentaube

Typisch für diese Taube ist der schmale schwarze Streifen am Nacken, der sich deutlich von ihrem hellen, beige-braunen Federkleid abzeichnet. Sie ist zierlicher als ihre Cousinen, die Stadt- oder Ringeltauben, und nicht besonders scheu. Ihren gurrenden Gesang hört man im Frühjahr mittlerweile in ganz Europa. Wie ihr Name verrät, stammt sie ursprünglich aus dem asiatischen Raum.

1

2

3

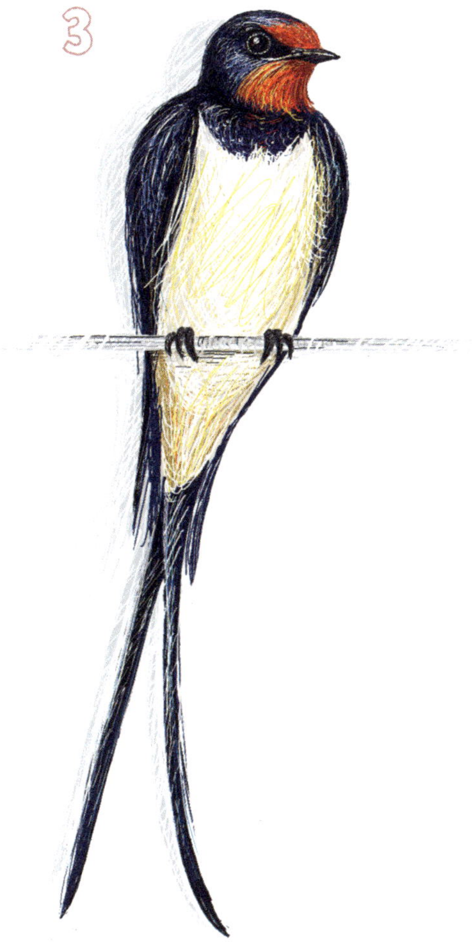

4

Säugetiere

1. Dachs

Wie kann es sein, dass man dieses doch recht große Säugetier nie zu Gesicht bekommt? Nun, das liegt daran, dass Dachse den Tag in ihrem weitläufigen unterirdischen Bau verbringen! Erst wenn es dunkel wird, beginnen sie ihre Streifzüge durch Wiesen und Wälder. Da der Dachs immer die gleichen Orte aufsucht, bilden sich kleine Trampelpfade quer durch die Felder, die deutlich zu erkennen sind. Seinen Kot setzt er in kleine Löcher ab, die er mit seinen Pfoten gräbt. Damit markiert er auch sein Revier. Jedes Jahr kommen neue Jungen zur Welt, bei uns in Mitteleuropa meist im März.

2. Steinmarder

Bei vielen Menschen ist der Marder nicht gerne gesehen, weil er unter ihrem Dach wohnt oder ihre Hühner reißt! Aber die meisten Marder haben es gar nicht auf unser Geflügel abgesehen, sondern ernähren sich von Tauben, Vogeleiern oder Mäusen. Sie verstecken sich in einem Nest, das sie gerne auf dem Dachboden eines Bauern- oder Stadthauses bauen. Manchmal ist ihr Getrappel im ganzen Haus zu hören, vor allem, wenn sie balzen oder Jungen haben! Wer sich durch den Marder unterm Dach gestört fühlt, kann ihm in der Nähe einen anderen sicheren Unterschlupf anbieten!

3. Wildkaninchen

Du findest sie nicht allein zum Anbeißen! Füchse und Marder haben sie ebenfalls zum Fressen gern und auch von Menschen werden sie gejagt und gegessen. Wildkaninchen graben sich mit ihren Pfoten einen unterirdischen Bau, in den sie sich flüchten, wenn man sich ihnen nähert. In der übrigen Zeit tollen sie umher, fressen Gräser und Kräuter. Um ihre Pflanzenkost besser verdauen zu können, vertilgen ihren eigenen frischen Kot!

1

2

3

Amphibien

Teichfrosch

Dank ihrer guten Tarnung können Teichfrösche sich hervorragend im Gras und zwischen Wasserpflanzen verbergen. Dafür fallen sie durch ihre Sprünge und ihr Gequake erst recht auf! Wenn du ihnen zu nahe kommst, hüpfen sie ins Wasser und tauchen unter! Ihre Rufe sind, insbesondere zur Paarungszeit, manchmal ohrenbetäubend laut. Im Frühling quaken die Männchen aus vollem Halse, um Weibchen anzulockens. Aus dem abgelegten Laich schlüpfen unzählige, zunächst beinlose Kaulquappen, die sich mithilfe ihres Schwanzes durchs Wasser bewegen.

Insekten

Gehörnte Mauerbiene

Diese kleine Wildbiene lebt häufig ganz in unserer Nähe, in einem Hohlraum im Mauerwerk oder am Fensterrahmen. Die Mauerbiene bildet keinen Staat und erzeugt keinen Honig. Nach der Paarung baut sie sich allein ihr Nest. Es ist stets zur Sonne ausgerichtet und beherbergt kleine weiße Larven. Von März bis April schwirrt sie umher, um Pollen zu sammeln. Danach stirbt die Biene, und ihre Nachkommen kriechen im darauffolgenden Frühling aus dem Nest.

Rapsweißling

Wenn er am Ende des Winters aus seiner Puppe schlüpft und sich in einen Schmetterling verwandelt, fällt der Rapsweißling sofort auf: weil er weiß ist und weil er einer der ersten Schmetterlinge im Frühling ist. Wie bei allen Schmetterlingen, ist sein Leben kurz: etwa einen Monat. Bevor er stirbt, paart er sich. Seine Eier legt er auf bestimmten Pflanzen ab, von denen seine Raupen sich einige Wochen ernähren. Sein Verwandter, der Kohlweißling, bevorzugt hierfür verschiedene Kohlsorten. Kein Wunder, dass diese Schmetterlinge bei Gärtern nicht besonders beliebt sind!

Insekten

1. Märzfliege

Typisch für die Märzfliege, die auch Markushaarmücke genannt wird, ist ihr langsamer, tiefer Flug, bei dem die tiefschwarze Mücke die Beine hängen lässt. Ende März beginnen die kleinen Larven, die meist im Boden überwintert haben, sich zu verwandeln. Es ist wie bei allen Mücken: Die Jungen sehen ihren Eltern überhaupt nicht ähnlich! Die Larven ernähren sich von abgestorbenen Pflanzenteilen. Bei den ausgewachsenen Tieren lassen sich die Männchen leicht an ihrem größeren Kopf mit auffällig großen, kugeligen Augen von den Weibchen unterscheiden.

2. Blutzikade

Stimmt es, dass der Körper dieses Insekts voller Blut ist, wie der Name andeutet? Aber nein! Mit ihrer leuchtend roten Zeichnung schreckt die Blutzikade Fressfeinde ab. Ihre Nachkommen verbergen sich im Gras, eingehüllt in einer Art Schaum, den die Larven selbst erzeugen und der aussieht, als hätte jemand dort hingespuckt! Das Schaumnest bietet Schutz vor Feinden, Kälte und Trockenheit.

3. Distelfalter

Dieser Schmetterling ist auf der ganzen Welt zu finden. Er ist ein Wanderfalter und kann Strecken von bis zu 5000 km zurücklegen, also zum Beispiel von Afrika nach England fliegen! Wenn die Lebensbedingungen in einem Land ihm nicht mehr guttun, kann er einfach woandershin fliegen. Nach dem Winter verlassen die Distelfalter Afrika, wo sie zur Welt kommen. Ihre Kinder kehren später dorthin zurück und suchen die Pflanzen auf, die ihre Raupen als Nahrung brauchen.

1

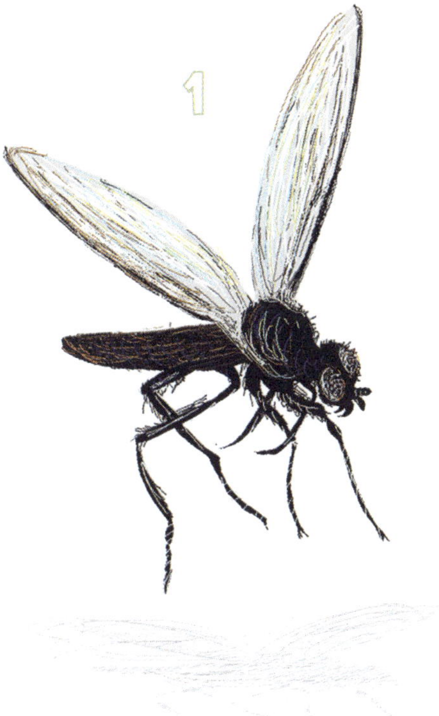

2

3

Spinnentiere

Weberknecht

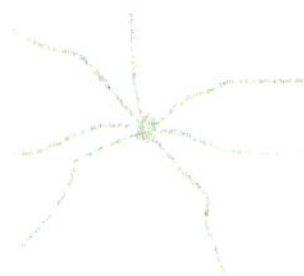

Wie seine Cousine, die Spinne, hat auch der Weberknecht acht Beine! Was seine Lebensweise angeht, unterscheidet er sich jedoch deutlich von der Spinne. Er ist meist allein unterwegs. Manche Weberknechte laufen am liebsten im Gras umher, andere bevorzugen Bäume. Dort finden sie ein vielfältiges Nahrungsangebot. Im Frühling sind sie besonders häufig anzutreffen. Lass sie über deine Hand krabbeln, um sie genauer betrachten zu können!

Tausendfüßer

Steinläufer

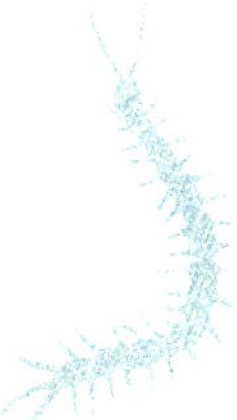

Unter den Tausend- und Hundertfüßern gibt es Vegetarier und Fleischfresser. Steinläufer zählen zu den Fleischfressern! Sie haben 30 Beine, mit denen sie sehr schnell sind. Am liebsten jagen sie Spinnen und Kellerasseln, die sie mit Gift aus ihren Mundwerkzeugen lähmen. Um einen Steinläufer zu beobachten, musst du einen größeren Stein vorsichtig anheben und darunterschauen, bevor er eilig in ein anderes Versteck flüchtet!

Pflanzen

Maiglöckchen

Im Wald unter Bäumen und auch in vielen Gärten öffnen im April und Mai die Maiglöckchen in großer Zahl ihre duftenden, kleinen weißen Blüten. Maiglöckchen sind Frühlingsboten und gelten manchen als Glücksbringer. Doch Vorsicht: Die Pflanze ist stark giftig, die Blüten und Früchte ganz besonders! Aber ihr Duft wird von vielen sehr geschätzt.

Rosskastanie

Ihre aufrecht stehenden, traubenähnlich angeordneten Blüten in Weiß oder Rosa bringen Farbe in die Frühlingslandschaft, sogar in der Stadt! Dank der fleißigen Insekten verwandeln sie sich im Laufe des Sommers in glänzend braune Früchte, die in einer stacheligen Hülle stecken. Diese sind zwar, anders als Esskastanien, für uns nicht genießbar, aber du kannst lustige Kastanienmännchen aus ihnen basteln! Die Vorfahren dieser Bäume wuchsen in Griechenland. Die Rosskastanie ist heute in ganz Europa weit verbreitet und ein beliebter Zierbaum.

Pflanzen

Primeln

Sie gehören zu den ersten Blumen, die mit Beginn des Frühlings hervorsprießen. Der Name ist vom lateinischen Wort *primus* abgeleitet, was »der Erste« bedeutet. Primeln sind einige der wenigen Wildblumen, die die Menschen in ihren Gärten wachsen lassen, sogar mitten auf dem Rasen! Es gibt viele verschiedene Arten, mit Blütenfarben von gelb bis rot. Eine Untergattung, die Echte Schlüsselblume, wurde früher zur Heilung verschiedener Krankheiten eingesetzt.

Flieder

Die kleinen Bäume mit den weißen oder violetten Blüten stammen ursprünglich aus Südosteuropa und kamen im 16. Jahrhundert als Ziersträucher in unsere Gärten. Seither verkörpert Flieder Frühling und Frische. Eine Farbe wurde nach ihm benannt, und sein Duft inspiriert Parfümeure weltweit!

Wilder Fenchel

Am Wegesrand wächst häufig Wilder Fenchel. Wenn du ihn berührst oder sogar ein Blatt pflückst und dann an deinen Fingern riechst, erkennst du ihn sofort. Manche mögen Fenchel nicht, aber andere lieben ihn. Das gilt auch für die Raupe des Schwalbenschwanzes, einem großen, schwarz-gelb gemusterten Schmetterling: Ohne Fenchel kann sie nicht überleben. Daher ist Wilder Fenchel auch bei Schmetterlingsfreunden beliebt!

KOCHEN

SPAGHETTI MIT WILDEM FENCHEL

Für 4 Personen; Zubereitung: 10 Minuten; Kochzeit: 20 Minuten

Die Zutaten:

- 500 g Spaghetti
- 1 Dose geschälte Tomaten
- 1 kleiner Bund Wilder Fenchel, am besten junge, frische Triebe
- 1 Zwiebel
- Olivenöl
- Salz und Pfeffer

- Das Fenchelgrün waschen und kleinschneiden.
- In siedendes Wasser geben, 5 Minuten kochen lassen und abgießen.
- In einer Pfanne die gewürfelte Zwiebel in etwas Olivenöl anbraten.
- Die Tomaten in die Pfanne geben und grob zerkleinern. 1/2 Glas warmes Wasser hinzugeben und 5 Minuten auf kleiner Flamme köcheln lassen.
- Den Fenchel, eine Prise Salz und etwas Pfeffer hinzugeben. Gut vermengen.
- In einem großen Topf die Spaghetti bissfest (*al dente*) garen.
- Wenn die Nudeln gar sind, die Fenchelsoße darübergeben!

KREATIV

LAND ART – NATURKUNST MIT LÖWENZAHNBLÜTEN

Erschaffe vergängliche Kunstwerke mit Blüten, Blättern, Ästen usw. aus eurem Garten oder aus einem Park in der Nähe.

GÄRTNERN

UNKRAUT SÄEN

Igel, Vögel und Insekten lieben Unkraut und Wildblumen. Sie können sich darin verstecken, Nahrung finden oder Nester für ihre Jungen bauen. Manchmal genügt es, ein Eckchen im Garten eine Weile in Ruhe zu lassen, damit diese Tiere sich dort sicher fühlen!

DER SOMMER

Vögel

1. Mauersegler

Zu den Vögeln, die besonders häufig am Himmel zu sehen sind, zählen Schwalben und Mauersegler, zu erkennen an ihrer bumerangähnlichen Silhouette. Von Weitem könnte man die beiden verwechseln, aber du kannst sie leicht auseinanderhalten: Die einheitlich dunklen sind die Mauersegler, und die mit dem hellen Bauch die Schwalben. Beide jagen Insekten im Flug mit offenem Schnabel. Mauersegler können beim Fliegen schlafen, und die Jungtiere bleiben zwei Jahre lang pausenlos in der Luft. Ausruhen ist den ausgewachsenen Vögeln vorbehalten, beim Nistbau und wenn sie ihre Eier legen und ausbrüten.

2. Silbermöwe

Diese relativ große Möwenart ist gut an ihrem gelben Schnabel mit dem kleinen roten Fleck zu erkennen. Ihre Cousine, die Mantelmöwe, ist noch größer und macht sogar Jagd auf Mäuse und Kaninchen. Silbermöwen sind unter anderem an Nord- und Ostsee häufig anzutreffen. Ihren Ruf hört man gleich, wenn man ans Meer kommt. Sie sind Allesfresser und haben sich uns Menschen angepasst. Manche wohnen sogar in unseren Städten! Die Jungtiere tragen zunächst ein grau-braunes Federkleid mit Flecken, das sie erst nach ein paar Jahren ablegen.

3. Flussseeschwalbe

Seeschwalben sind kleiner und zierlicher als Möwen. Sie leben an der Meeresküste oder an Flüssen, stets bereit, kopfüber ins Wasser einzutauchen. Das tun sie nicht, um sich zu erfrischen, sondern um mit ihrem spitzen Schnabel einen Fisch aufzuspießen. Sie stürzen so schnell aus der Luft herab, dass es für den Fisch kein Entkommen gibt. Wenn du Glück hast, kannst du sie dabei beobachten, wenn du am Strand bist. Manchmal hört man auch ihren etwas schrillen Ruf!

4. Grünspecht

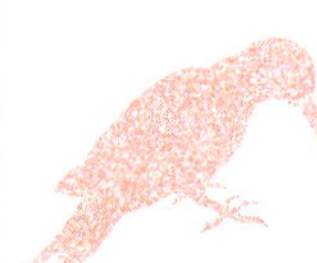

Es gibt viele Spechtarten, und eine davon ist grün! Der Grünspecht mag am liebsten Laubwälder. Er hackt aber seltener an Bäumen, wie wir das vom Buntspecht kennen, sondern hält sich eher am Boden auf, wo er nach Insekten sucht, vor allem nach Ameisen. Er fliegt sofort weg, wenn er uns bemerkt, stößt seinen durchdringenden Ruf aus und setzt sich hoch oben auf einen Ast. Er braucht immer Bäume in seiner Nähe, auch für seine Nisthöhle, die er oft selber mit seinem Schnabel in den Stamm bohrt. Wird im Winter die Nahrung knapp, frisst er manchmal Bienen aus einem Bienenstock!

1
2
3
4

Säugetiere

1. Feldhase

Zwar gibt es heute weniger Hasen als früher, aber auf dem Land kann man ihnen noch begegnen. Du erkennst sie an ihren langen Ohren und ihrem extrem schnellen Lauf, bei dem sie ihre berühmten Haken schlagen! Die größte Chance auf ein Treffen hast du abseits der Wege, auf Wiesen und Feldern. Der Feldhase verbirgt sich nicht wie sein Verwandter, das Wildkaninchen, in einer unterirdischen Höhle, sondern kauert tagsüber in einer flachen Mulde. Dank seiner Fellfarbe ist er so gut wie unsichtbar. Kommt man ihm jedoch zu nahe, schießt er plötzlich blitzschnell davon! Allerdings sind diese Pflanzenfresser so wachsam, dass es schwer ist, sie zu überrumpeln.

2. Gämse

Die Alpengämse lässt sich gut von anderen gehörnten Säugetieren unterscheiden. Ihre kleinen Hörner ragen steil in die Höhe, mit nach hinten gebogenen Spitzen. Von den Ohren verläuft eine schwarze Längsbinde über die Augen bis zur Nase, und sie lebt ausschließlich in den Bergen. Um sie in freier Wildbahn zu sehen, empfiehlt sich eine Wanderung in den Alpen. Ein Fernglas ist unbedingt nötig, denn Gämsen sind scheu. Dank ihrer elastischen Hufe sind die Tiere wahre Kletterkünstler und finden selbst auf steilen Felsen Halt. Sie werden ca. 15 Jahre alt und ernähren sich von jungen Pflanzentrieben.

3. Murmeltier

Jeder kennt das Murmeltier, aber um es zu sehen, musst du in die Berge fahren! Dort ist es zu Hause – vielleicht, weil die Menschen es aus den tieferen Lagen vertrieben haben? Murmeltiere graben Kammern und Tunnel tief unter der Erde, wo sie sich verstecken und ihre Jungen aufziehen. Sie verbringen den gesamten Winter dort und fallen in einen tiefen Schlaf. Daher kommt auch der Ausdruck »schlafen wie ein Murmeltier«! Aber sie schlafen nicht die ganze Zeit durch, ab und zu wachen sie auf, um sich aufzuwärmen oder Kot und Urin abzusetzen.

1

2

3

Reptilien

Ringelnatter

Trägt sie wirklich einen Ring? Gemeint sind die auffälligen hellen Flecken am Nacken, die aussehen, als trüge sie einen Ring um den Hals. Diese Schlange hält sich gerne im Wasser auf, wo sie Frösche, Kaulquappen und manchmal Fische fängt. An Land jagt sie auch Wald- oder Spitzmäuse. Dank ihrer Färbung ist sie gut getarnt, vor allem, wenn sie sich durchs Gras schlängelt oder unter Wasser schwimmt. Ringelnattern haben runde Pupillen, während bei Kreuzottern die Pupillen senkrecht geschlitzt sind (ähnlich wie bei Katzen). Wegen der giftigen Kreuzottern haben viele Angst vor Schlangen, obwohl fast alle, insbesondere Ringelnattern, vollkommen harmlos sind.

Mauereidechse

Die Familie der Eidechsen ist groß, es gibt sie in zahlreichen Formen und Farben. Die bei uns häufigste Art ist die Mauereidechse. Unerschrocken läuft sie über unsere Hauswände und Gartenmauern. Ihre Krallen finden in den kleinsten Löchern Halt, wenn sie flink einem Insekt oder einer Spinne nachjagt, um sie zu verspeisen. Achtung: Versuche auf keinen Fall, sie am Schwanz festzuhalten, denn die Eidechse kann ihn abwerfen! Das Schwanzende bewegt sich nach dem Abwerfen weiter und lenkt dadurch Räuber wie Vögel oder Katzen von ihrer eigentlichen Beute ab, sodass die Eidechse entkommen kann.

Amphibien

Europäischer Laubfrosch

Im Gegensatz zu der üblichen Vorstellung, die das Wort »Frosch« bei den meisten von uns auslöst, leben Laubfröche nicht im Wasser oder auf dem Boden, sondern überwiegend auf Sträuchern und Bäumen. In denen klettern sie mithilfe der Haftscheiben an ihren Zehen geschickt herum, um Jagd auf ihre Lieblingsspeise zu machen: Insekten. Dank ihrer grünen Farbe sind sie inmitten der Blätter und Zweige fast unsichtbar. Ihr Quaken ist hingegen nicht zu überhören! Zur Paarungszeit setzt das Weibchen im Wasser mehrere Laichballen mit insgesamt bis zu 1000 Eiern ab!

Spinnentiere

Labyrinthspinne

Es gibt sehr viele verschiedene Spinnenarten, die überall um uns leben. Die meisten bekommen wir gar nicht zu Gesicht, weil sie sich so gut verstecken können. Manche fallen uns eher auf als andere, und das gilt auch für die Labyrinthspinnen. Ihre großen, dicht gewebten Netze sind in Gärten oder am Wegesrand aufgespannt, damit sich Insekten in ihnen verfangen. Wenn du dich so einem Trichternetz behutsam näherst und ins Innere schaust, kannst du die Spinne sehen, wie sie auf der Lauer sitzt. Reglos verbirgt sie sich am Eingang ihres selbst gewebten Tunnels. Sobald ein Insekt ins Netz fällt, kommt sie rasch aus ihrem Versteck gelaufen, fesselt die Beute mit ihrer Spinnenseide und lähmt sie mit einem Giftbiss! Ja, Spinnen fressen jede Menge Insekten!

Insekten

1. Gemeine Wespe

Dieses gestreifte Insekt ist uns Menschen wohlbekannt! Manchmal bauen Wespen ihre Nester in unseren Gärten, und sie schwirren um uns herum, wenn wir essen. Mit einem kleinen Stückchen Schinken können sie ihre Larven ernähren. Manchmal laben sie sich an Marmelade oder am Fallobst, das im Spätsommer auf dem Boden liegt. Vor dem Winter sterben alle Wespen eines Staates. Nur die jungen Königinnen suchen sich einen Unterschlupf, in dem sie die kalte Jahreszeit verschlafen. Im Frühjahr kommen sie wieder heraus, um einen neuen Staat zu gründen.

2. Gottesanbeterin

Der merkwürdige Name dieser Fangschrecke geht auf die Haltung ihrer Vorderbeine zurück, die wie betende Hände aussehen. Aber natürlich betet sie nicht! Verborgen im Gras, lauert sie Insekten auf, die sie mit ihren großen Fangbeinen erbeutet, manchmal sogar aus der Luft! Dank ihrer grünen oder braunen Farbe wird sie von Vögeln übersehen, die ein so großes Insekt gerne verspeisen – die Weibchen können bis zu 75 cm lang werden! Um das eigentümliche Insekt mit den großen Facettenaugen ranken sich viele Legenden. Das »Insekt des Jahres 2017« zählt bei uns zu den bedrohten Arten.

3. Großes Grünes Heupferd

Im Frühling sieht man die Jungtiere im Gras sitzen. Sie sind kleiner als ihre Eltern und noch flügellos. Im Sommer sind sie ausgewachsen und fliegen munter durch die Gegend. Wenn du durch Wiesen und Felder spazierst, wirst du sie gleich erkennen. Sie sind so groß, dass die Grashalme sich unter ihrem Gewicht biegen, vor allem, wenn sie springen! Die Weibchen tragen einen langen, dornartigen Fortsatz am Hinterleib, der ihnen aber nicht als Waffe dient, sondern als Hilfsmittel, um ihre Eier im Boden abzulegen. Der Gesang der Männchen entsteht durch das Aneinanderreiben der Vorderflügel.

4. Junikäfer

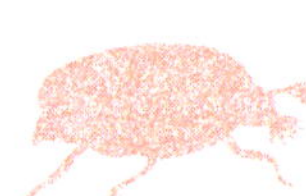

Eigentlich heißt er »Gerippter Brachkäfer«, aber meist wird er einfach Junikäfer genannt, weil die ausgewachsenen Tierchen Ende Juni in großer Zahl aus der Erde kriechen und ausschwärmen. Ihre Nachkommen, dicke weiße Larven mit sechs Beinen, werden Engerlinge genannt. Sie ernähren sich von kleinen Wurzeln und Pflanzenteilen. Die Engerlinge verpuppen sich schließlich, schlüpfen als Junikäfer aus ihren Kokons und fliegen gleich los, um Nahrung zu suchen. Da sie Blüten und Blätter mögen, wurden die Käfer früher, als sie noch in großen Schwärmen auftraten, oft zur Plage!

1

2

3

4

Insekten

1. Blauflügel-Prachtlibelle

Es ist einfach unmöglich, von dieser Libelle nicht entzückt zu sein, wenn man sie sieht! Ihre glänzende blaugrüne Farbe und das Schwirren ihrer Flügel zieht immer die Blicke auf sich. Sie wird auch »Gemeine Seejungfer« genannt und zählt zu den Kleinlibellen bzw. Wasserjungfern. Hier im Bild siehst du ein männliches Exemplar mit den namensgebenden blaugrünen Flügeln. Die Flügel der Weibchen sind grünlich-braun. Diese Libellen findet man vorzugsweise an wilden Bachläufen, in denen sie auch ihre Eier ablegen. Ihre Nachkommen leben im Wasser und jagen dort andere Insekten, während ihre Eltern die Beute im Flug fangen. Ihre riesigen Augen nehmen beinahe den ganzen Kopf ein!

2. Stubenfliege

Stubenfliegen sind stete Gefährten des Menschen, fast auf der ganzen Welt! Sie folgen uns überallhin: aufs Schiff, ins Flugzeug, in den Lastwagen usw. Weil sie besonders anpassungsfähig sind, können sie ihre Eier in Abfälle aller Art legen, zum Beispiel in Hühnerkot, Tierkadaver, verfaultes Gemüse oder jedes Lebensmittel, das zu lange herumliegt. Ihre Nachkommen, kleine Maden, wachsen schnell und verwandeln sich in geflügelte Insekten. Die Fliegen sind den ganzen Sommer hindurch aktiv, vor allem auf dem Land, und ihr Summen wiegt uns in den Mittagsschlaf.

3. Glühwürmchen

Bei Tag sind Leuchtkäfer (so ihr offizieller Name) nur schwer zu entdecken, sie sitzen versteckt im Gras. Aber nachts tauchen sie plötzlich auf, wie von Zauberhand! Dann sehen wir das gelblich-grüne Licht, das ihre Hinterkörper aussenden, um in der Dunkelheit mit anderen Leuchtkäfern zu kommunizieren. Mit ihrem Blinken machen die Weibchen die Männchen auf sich aufmerksam. Jede Leuchtkäferart hat ein eigenes Leuchtsignal. Wenn man sich die Glühwürmchen mithilfe einer Taschenlampe aus der Nähe ansieht, ist man immer überrascht, dass sie ganz anders aussehen als gedacht!

1
2
3

Pflanzen

1. Zwetschge

Zwetschgen sind leckere, säuerlich-süße Früchte. Sie schmecken frisch vom Baum, werden aber auch gerne zu Pflaumenmus oder Blechkuchen verarbeitet. Die Zwetschge, die in manchen Regionen auch »Quetsche« heißt, ist eine Unterart der Pflaume und wird schon seit Jahrhunderten vom Menschen kultiviert.

1

2. Schmalblättriges Weidenröschen

Im Hochsommer sieht man ihren langen, traubigen Blütenstand häufig, vor allem bei Bergwanderungen. Die rosafarbenen Blüten sind hübsch anzuschauen, und Hummeln und Bienen schätzen ihren Nektar. Dank der Befruchtung durch die Insekten bilden sich Samen mit langen Haaren, die vom Wind überallhin getragen werden. Der Pflanze werden zum Beispiel als Teeaufguss Heilkräfte nachgesagt, und mit ihrem Saft bestrichene Wunden sollen schneller heilen.

3. Blütendolde der Wilden Möhre

Wenn man sie sieht, denkt man erst einmal nicht an Karotten! Aber sie ist sozusagen der Urahn der uns bekannten Gartenmöhre. Diese ist das Ergebnis von Kreuzungen und Züchtungen, die möglichst große Speicherwurzeln haben sollten. Karotten sind nämlich Wurzeln! Insekten schätzen das große Nektarangebot der Blüten. Deswegen sollten Menschen, die ein Herz für Insekten haben, Wildpflanzen wie die Wilde Möhre nicht ausreißen.

2

3

KOCHEN

HERZHAFTER KUCHEN MIT RADIESCHENGRÜN

Du benötigst:

- 150 g Mehl
- 3 Eier
- 1 Päckchen Backpulver
- 150 ml Milch
- 200 ml Olivenöl
- 100 g Schinkenwürfel
- Radieschenblätter (bio)
- 100 g geriebener Emmentaler

- Backofen auf 180 °C vorheizen.
- In einer großen Schüssel die Eier aufschlagen, dann Milch, Öl, Mehl, Backpulver, Reibekäse und Schinkenwürfel hinzugeben und verrühren.
- Das Radieschengrün in feine Streifen schneiden und zur Masse hinzufügen.
- Alles gut vermengen, in eine Kastenform geben und ca. 45 Minuten backen.

KREATIV

LAND ART MIT GETREIDEÄHREN

Sammle nach der Getreideernte die Ähren und bastle vergängliche Kunstwerke daraus.

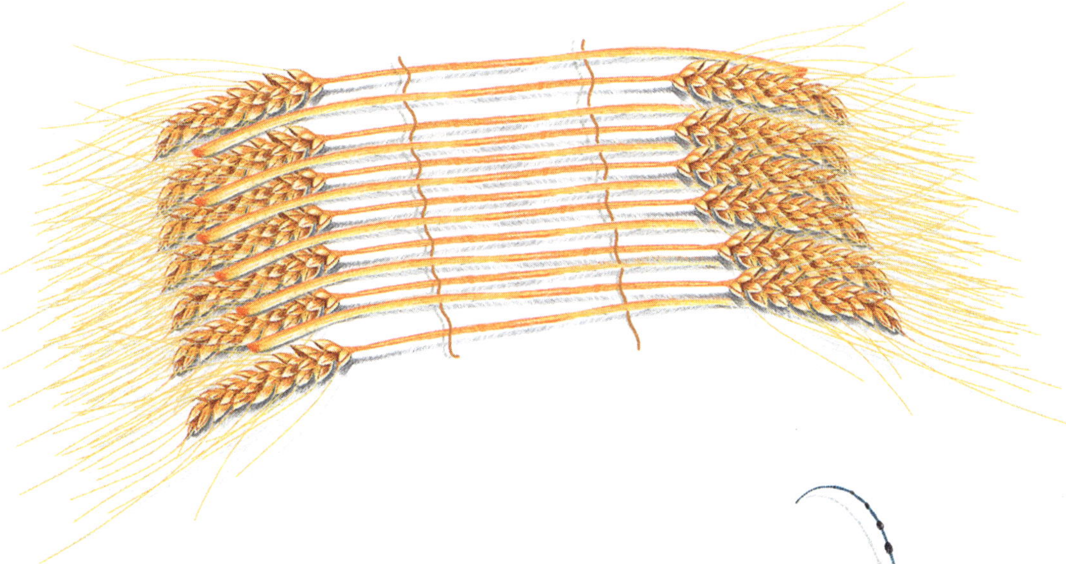

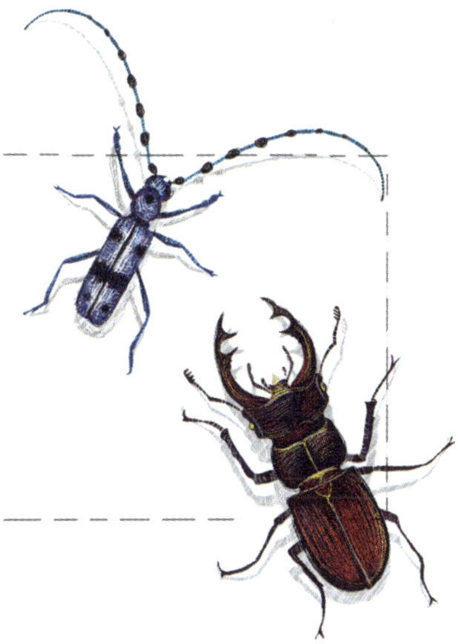

MITMACHEN!

Nimm an der NABU-Aktion „Ich zähle, was zählt“ teil und melde die Insekten, die dir begegnen!

Alle Infos unter www.insektensommer.de

OHREN AUF!

DER RÖHRENDE HIRSCH

Gehe Ende September in den Wald, um die Brunftrufe der Hirsche zu hören!

DER HERBST

Vögel

1. Rotkehlchen

Dieser kleine Vogel mit der roten Brust kommt uns oft ganz nahe. Wir hören seinen Gesang im Garten oder im Park. Nach dem Nestbau im Frühjahr wird das Rotkehlchen im Sommer etwas ruhiger, singt aber im Herbst wieder voller Leidenschaft! So teilt es anderen mit, dass sich hier sein Revier befindet! Manche Rotkehlchen verbringen das Winterhalbjahr am Mittelmeer, aber viele bleiben das ganze Jahr hier.

2. Rabenkrähe

Raben und Krähen kommen in zahlreichen Märchen und Sagen vor. Ob das an ihrer meist schwarzen Farbe liegt? Oder an ihrem krächzenden Schrei? Krähenvögel zählen zu unseren treuesten Begleitern. Sie sind sehr gut an die menschliche Lebensweise angepasst und finden reichlich Nahrung bei uns. Ihre Anpassungsfähigkeit ähnelt der menschlichen, vielleicht ist das der Grund, warum wir diesen intelligenten Vögeln irgendwie misstrauen? Raben- und Nebelkrähen können unter guten Bedingungen fast 20 Jahre alt werden.

3. Elster

Elstern gelten in unserem Kulturkreis als diebisch, aber das ist blanker Unsinn! Geschwätzig sind sie schon eher: Ihr schäckernder Ruf ist oft den ganzen Tag zu hören. Sie zählt wie die Rabenkrähe zur Familie der Rabenvögel, und fühlt sich in unseren Städten sehr wohl. Ihr hüpfender Gang, ihr langer Schwanz und ihre Färbung sind uns vertraut. Die meisten würden ihr Federkleid als schwarz-weiß beschreiben, aber bei genauerem Hinsehen fällt auf, dass die Schwanzfedern grün und die Flügel bläulich schimmern. In der Sonne schillert die Elster, als wäre sie aus Metall!

4. Lachmöwe

Im Sommer am Meer sieht man vor allem ihre Cousinen, die Silbermöwen und Seeschwalben. Lachmöwen hingegen leben eher im Binnenland und in Städten. Sie suchen an Flussläufen und auf Feldern nach Nahrung und verspeisen Insekten, Würmer und Krebstiere. Man sieht sie häufig hinter Traktoren, die den Acker umpflügen. Wenn im Frühling die Paarungszeit beginnt, färbt sich der Kopf der Männchen dunkel. Im Herbst und Winter ist ihr Kopf weiß mit je einem schwarzen Fleck an den Seiten, fast so, als trügen sie kleine Kopfhörer!

1

2

3

4

Säugetiere

Eichhörnchen

Im Geäst der Bäume ist es ein geschickter Kletterer, am Boden ein schneller Läufer! Da Eichhörnchen meist scheu sind, ist es schwer, sie längere Zeit zu beobachten. Dank seiner Krallen kann das Eichhörnchen blitzschnell einen Baum hinaufhuschen, wo es sich am liebsten aufhält. Dort oben baut es sein kugelförmiges Nest aus Zweigen und Blättern, in dem das Weibchen den Nachwuchs aufzieht und die Tiere im Winter Schutz suchen. Eichhörnchen werden etwa sieben Jahre alt. Die meiste Zeit ihres Lebens verbringen sie auf Bäumen. Sie ernähren sich von Nüssen und Tannenzapfen, aber auch von Insekten und Vogeleiern.

Rothirsch

Der männliche Rothirsch zählt zu den größten frei lebenden Wildtieren Mitteleuropas! Sein mächtiges Geweih benutzt er vor allem, um im Spätsommer und Herbst gegen andere Hirsche zu kämpfen. Er stößt laute Rufe aus (das sogenannte Röhren) und zeigt andere auffällige Verhaltensweisen, um den Hirschkühen zu imponieren! Für ihre großen Familienverbände brauchen Rothirsche ausgedehnte Waldflächen. Die gefleckten Hirschkälber kommen im Frühling zur Welt, und ihre Mütter lassen sie nicht aus den Augen!

Amphibien

Feuersalamander

Seine Körperform, seine Färbung und sein Gang sind wirklich außergewöhnlich! In früheren Zeiten rankten sich viele Geschichten um den Feuersalamander. Man glaubte, er könne im Feuer überleben oder es gar löschen! Manche hielten ihn für einen Feuer speienden Drachen, und sein Hautsekret galt als giftig! Doch zum Glück wurde all das widerlegt, und heute schätzen und schützen wir diese wunderschönen Tiere. Sobald der Winter hereinbricht, sucht sich der Feuersalamander ein unterirdisches Versteck, beispielsweise eine feuchte Bodenspalte oder Höhle.

Erdkröte

Manche Menschen mögen Kröten nicht. Vielleicht liegt es daran, dass sie in Märchen mit Hexen in Verbindung gebracht werden, oder an ihren Warzen (die übrigens nicht ansteckend sind)? Doch lassen wir uns durch alte Geschichten nicht davon abhalten, diese harmlosen Landbewohner zu beobachten! Die Erdkröte ist langsam, gutmütig, zurückhaltend, frisst Insekten und Nacktschnecken und hat schöne goldene Augen! Wenn sie sich im Herbst auf die Suche nach ihrem Winterversteck macht, überquert sie auch Straßen und wird oft überfahren. Du kannst ihr helfen, indem du sie vorsichtig auf die andere Seite trägst!

Insekten

1. Heidelibelle

Der Herbst ist eine gute Zeit, um Libellen zu beobachten. Noch bis in den November hinein ist die Gemeine Heidelibelle an stehenden Gewässern wie Weihern und Gartenteichen anzutreffen. Ihre Larven besitzen keine Flügel, sind grau und verbringen eine lange Zeit unter Wasser. Dann, an einem schönen Sommertag, kommen sie heraus, verwandeln sich und haben fortan einen roten Körper mit Flügeln daran! Sowohl die Larven als auch die ausgewachsenen Libellen ernähren sich hauptsächlich von Insekten.

2. Asiatischer Marienkäfer

Vor vielen Jahren haben wir aus Asien Marienkäfer zu uns geholt, damit sie die lästigen Blattläuse vertilgen, die unsere Nutzpflanzen heimsuchen. Mit der Zeit haben sich einige dieser Marienkäfer an das Leben bei uns gewöhnt und sich überall verbreitet. Sie sind fast genauso groß wie unser heimischer Siebenpunkt, haben aber andere Farben (schwarz, rot oder orange) und eine andere Anzahl von Punkten, (zwischen 0 und 19)! Was sie aber mit allen anderen Marienkäfern gemein haben, ist, dass sie sich im Herbst versammeln, um einen Unteschlupf für den Winter zu finden. Vielleicht in deinem Haus!

3. Hornisse

Hier haben wir es mit einem der größten Insekten Mitteleuropas zu tun! Hornissen weisen äußerlich eine gewisse Ähnlichkeit mit Wespen auf, sind aber überhaupt nicht angriffslustig und weichen Menschen am liebsten aus. Allerdings sollte man Abstand von ihrem Nest halten, das von den Wächterinnen notfalls verteidigt wird. Die Nester befinden sich meist hoch oben in einem Baum oder unter einem Dach. Hornissen jagen Insekten aller Art, die sie in ihr Nest schleppen, zerkleinern und an ihre Larven verfüttern. Von Nahem sieht man ihre bohnenförmigen Augen und ihre schöne rot-schwarz-gelbe Färbung.

1

2

3

Würmer

Regenwurm

Dieses Tier ähnelt einer kleinen, klebrigen Schlange! Regenwürmer sind auf der ganzen Welt beliebt, vor allem Kinder spielen gerne mit ihnen. Es ist drollig, wie sie sich in alle Richtungen drehen und winden und zwischen den Fingern hindurchgleiten können. Die meiste Zeit verbringen sie unter der Erde und graben Tunnel. Sie fressen abgestorbene Pflanzenteile, und ihre Ausscheidungen, geringelte Kotbällchen, sind vor allem im Herbst im Gras zu finden. Durch ihr Tun lockern sie die Erde auf und verbessern die Bodenqualität. Daher sind Regenwürmer bei Gärtnern und Bauern überaus beliebt!

Spinnentiere

Wespenspinne

Mit ihren Streifen ist sie vielleicht die einzige Spinne, die die Leute hübsch finden! Hat sie sich als Wespe verkleidet? Nein, sie ist schon so auf die Welt gekommen! Die Streifen schrecken Fressfeinde wie Vögel oder Eidechsen ab, weil diese damit die Gefahr verbinden, gestochen zu werden. Die Wespenspinne webt ein großes Netz, mit dem sie Insekten fängt. Bleibt ein Insekt darin hängen, läuft die Spinne schnell zu ihm hin, lähmt es mit einem Gift und fesselt es mit einem Faden. Manchmal frisst sie ihre Beute nicht sofort, sondern hebt sie für später auf.

Hauswinkelspinne

Sie zählt zu den größten heimischen Spinnenarten und wohnt oft in unseren Häusern! Sie schätzt die angenehmen Temperaturen dort, ohne Wind und Regen. Als junge Spinne kommt sie ins Haus und versteckt sich in einem alten Möbelstück oder hinter einem Holzscheit für den Kamin. Dann sucht sie sich einen ruhigen Winkel und spinnt ein trichterförmiges Netz. Damit fängt sie Insekten oder Kellerasseln und vertilgt sie! Im Herbst verlassen die Männchen ihr Netz, um sich ein Weibchen zu suchen. Dabei fallen sie manchmal in die Badewanne und kommen nicht mehr heraus. Am besten fängst du sie dann behutsam ein und setzt sie ins Freie – oder in den Keller.

Pflanzen

Hagebutten

Hagebutten sind die Früchte verschiedener Rosenarten, meist der Hecken- oder Hundsrose, deren Wurzeln einst als Heilmittel gegen Tollwut eingesetzt wurden. Hagebutten werden umso süßer, je später man sie erntet, am besten nach dem ersten Frost. Sie enthalten viel Vitamin C und man kann leckere Konfitüre aus ihnen kochen. Die in den Früchten enthaltenen Samen sind mit feinen Härchen bedeckt und lösen bei Hautkontakt schlimmen Juckreiz aus!

Esskastanien

Esskastanien lassen sich zu köstlichen Gerichten wie Vermicelles oder Maronencreme verarbeiten und schmecken auch geröstet, vom Maroni-Verkäufer oder zu Hause im Backofen, ganz wunderbar! Im Herbst kannst du beim Waldspaziergang nach Kastanienbäumen Ausschau halten. Die Früchte der Edelkastanie stecken in einer Hülle mit vielen feinen Stacheln, pass beim Sammeln also auf, dass du dich nicht stichst! Früher waren Kastanien in vielen Gebieten Hauptnahrungsmittel und wurden auch an Schweine verfüttert.

Walnussbaum

Walnüsse sind eine leckere Knabberei, sie schmecken aber auch gut im Salat, zu Käse oder im Kuchen. Man kann sogar Öl aus ihnen pressen! Aus der grünen Schale unreifer Nüsse lässt sich eine Beize herstellen, die man zum Streichen von Holzmöbeln oder als Tinte verwenden kann. Die Nüsse werden im Spätsommer und Herbst reif und sind monatelang haltbar. Der Mensch pflanzt schon seit langer Zeit Walnussbäume an und nutzt deren Holz und Früchte. Ein junger Baum trägt nach zehn Jahren das erste Mal Früchte. Das ist früh, wenn man bedenkt, dass die Bäume 300 Jahre alt werden!

Pflanzen

Birnbaum

Birnen sind ein typisches Herbst-Obst. Sie stammen, genau wie Äpfel, ursprünglich aus Asien und dem Mittleren Osten. Es gibt über 2000 Birnensorten! Nach der Ernte reifen Birnen weiter. Das ermöglicht es uns, die im Herbst gepfückten Früchte sogar noch im Winter zu essen. Es gibt auch Birnen, die schon im Sommer oder erst im Winter reif werden. Dass aus ihren Blüten Früchte werden, verdanken wir den Nektar sammelnden Insekten.

Apfelbaum

Vor langer Zeit waren die Äpfel kleiner und saurer und wuchsen nur in Asien. Als man Apfelbäume in Europa einführte, wählte man Sorten aus, die die größten und süßesten Früchte trugen. Heute gibt es über 10.000 vom Menschen gezüchtete Apfelsorten! Jeder Apfel war zunächst eine Blüte. Erst wenn Insekten von Blüte zu Blüte fliegen, um Pollen und Nektar zu sammeln, können aus Blüten Früchte werden. Wer also Äpfel und anderes Obst mag, muss Insekten schützen!

KOCHEN

MARONENCREME

Du benötigst:

- ▷ 400 g vorgegarte Maronen (Kastanien)
- ▷ 150 g Rohrzucker
- ▷ 300 ml Wasser

- Verrühre in einem Topf das Wasser mit dem Zucker und bringe es zum Kochen.
- Gib die Maronen hinzu und lasse sie bei niedriger Hitze und zugedecktem Topf etwa 30 Minuten sanft köcheln.
- Danach die noch warme Mischung mit der Hälfte des Kochwassers in den Mixer füllen und fein pürieren.
- Wenn du magst, kannst du noch einen Teelöffel natürliche Vanilleessenz in den Kochtopf geben.

KREATIV

LAND ART MIT TANNENZAPFEN, ESSKASTANIEN UND ROSSKASTANIEN

Erschaffe kleine Kunstwerke mit Dingen, die du in der Natur findest.
Im Herbst sind das z.B. die Zapfen von Tannen und Kiefern, Beeren, bunte Blätter ...

MITMACHEN!

Bei der Krötenwanderung hilfst du den Kröten, sicher über die Straße zu kommen!

DER WINTER

Vögel

1. Krickente

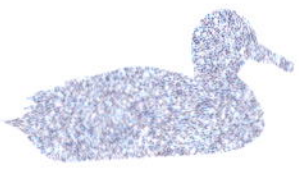

Im Winterhalbjahr ziehen zwar viele der bei uns heimischen Krickenten weiter nach Süden, aber dafür besuchen uns Krickenten, die weiter nördlich brüten. Schnee und Eis erschweren ihre Suche nach Nahrung, die aus Körnern, Wasserpflanzen oder Insekten besteht. Die Männchen erkennst du an dem glänzend grünen Streifen, der von den Augen bis in den Nacken reicht. Krickenten sind die kleinste Entenart.

2. Singdrossel

Ein überaus musikalischer Vogel! Sein variantenreicher Gesang ist wunderbar melodiös, und wer Vögeln gerne zuhört, wird an den wohlklingenden Liedern seine Freude haben! Eigentlich zählen Singdrosseln zu den Zugvögeln, die im Herbst nach West- und Südeuropa ziehen, aber durch die zunehmend milden Winter bleiben manche in Deutschland oder kehren schon im Februar zurück. Die zierlichen, braun gefleckten Vögel fressen Insekten, Spinnen und besonders gerne Schnecken, deren Häuser sie geschickt mit einem Stein zerschlagen.

3. Kiebitz

Welch hübscher Kopfschmuck! Der lange, zweizipfelige Federschopf wird als »Haube« oder »Holle« bezeichnet. Kiebitze versammeln sich in Gruppen auf Feldern und Feuchtwiesen, wo sie nach Insekten, Spinnen oder Würmern suchen. Und wenn ein Tausendfüßer seinen Kopf aus der frisch umgepflügten Erde hervorstreckt, wird der ebenfalls vertilgt! Normalerweise zählen Kiebitze zu den Zugvögeln, aber ihr Zugverhalten ist sehr von der Kälte des Winters abhängig. So kommt es, dass sie zunehmend auch bei uns in Deutschland überwintern. Im Frühjahr legt das Weibchen vier Eier in die Nestmulde am Boden, die von beiden Altvögeln bebrütet und mutig gegen Räuber verteidigt werden!

1

2

3

Vögel

Kranich

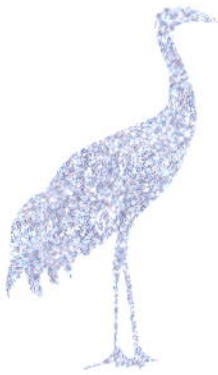

Von Weitem könnte man den Kranich für einen großen Graureiher halten, aber man erkennt ihn unter anderem an dem roten Fleck oben auf dem Kopf: An dieser Stelle wachsen keine Federn, und das Blut schimmert durch die dünne Haut. Kraniche sind eigentlich Zugvögel, die von ihren nordosteuropäischen Brutgebieten aus bis nach Spanien und Nordafrika fliegen, manchmal über 2000 km am Stück! Doch ein Teil der bei uns brütenden und der aus Nordeuropa einfliegenden Tiere bleibt erst einmal hier und wartet ab. Die Winter sind nicht mehr so kalt wie früher. Ihre Nahrung (Würmer, Frösche, Schnecken, Insekten, aber auch Körner) finden sie in Feuchtgebieten.

Ringelgans

Die dunkelbäuchige Ringelgans ist eine nahe Verwandte der mittlerweile auch in Deutschland heimischen Kanadagans, aber viel kleiner als diese, ungefähr so groß wie eine Ente. Der Name bezieht sich auf den weißen Ring am Hals, der sich deutlich von ihrem dunklen Federkleid abhebt. Wenn du sie sehen willst, musst du ans Meer fahren, genauer gesagt an die Nordseeküste. Dort tummeln sich die Gänse im Winter in großer Zahl und suchen im Wattenmeer nach Meerespflanzen wie Algen. In ihren Brutgebieten in Nordsibirien, wo sie den Sommer verbringen und ihre Jungen aufziehen, ernähren sie sich ebenfalls rein vegetarisch von Gräsern, Kräutern und Flechten.

Säugetiere

1. Schneehase

Mit seinem weißen Winterfell ist der Alpenschneehase im Schnee so gut wie unsichtbar! Nur sehr aufmerksamen, geübten Beobachtern gelingt es, ihn in den Bergen zu entdecken. Er ist perfekt an seinen Lebensraum – die Alpen – angepasst und wechselt die Fellfarbe ensprechend der Jahreszeit. Im Herbst verliert er sein grau-braunes Sommerkleid und wird innerhalb eines Monats schneeweiß. Diesen auffälligen Farbwechsel kann man auch bei anderen Tieren beobachten, wie z.B. beim Hermelin oder dem Alpenschneehuhn, die ebenfalls jeden Winter weiß werden!!

2. Siebenschläfer

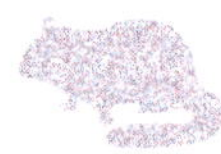

Wenn dieses niedliche kleine Säugetier Zuflucht in unseren Häusern sucht, zum Beispiel auf dem Dachboden, kann man es nachts hin- und herlaufen hören. Zwischen Oktober und April kehrt allerdings absolute Ruhe ein, denn dann hält der Siebenschläfer, ähnlich wie der Igel, seinen Winterschlaf. In der freien Natur gräbt er hierfür im September ein tiefes Loch in die Erde, in dem er frostfrei auf den Frühling wartet. Spätestens im Mai kriecht er aus seinem Versteck. Mit diesem Lebensrhythmus kann der Siebenschläfer bis zu zehn Jahre alt werden.

3. Hausmaus

Dass diese flinke graue Maus schon lange an der Seite des Menschen lebt, kann man auch daran ablesen, dass sie »Hausmaus« heißt! Sie sucht sich einen ruhigen Unterschlupf im Haus und profitiert von dem reichhaltigen Nahrungsangebot, dass sowohl im Haus als auch draußen herrscht. Im Frühling und Sommer durchstreift sie die umliegenden Gärten und Felder, kehrt aber zurück, wenn der Winter naht. Ihre Vorfahren kamen wahrscheinlich vor Tausenden von Jahren aus Asien, aber das kann man heute nicht mehr genau feststellen.

1

2

3

Säugetiere

Alpensteinbock

Unter den Tieren der alpinen Gebirgs- und Hochgebirgslagen ist der Alpensteinbock besonders leicht zu erkennen, vor allem das Männchen: Seine mächtigen Hörner können einen Meter lang werden! Mit ihnen kämpft er gegen andere Männchen, um die Weibchen (Geißen) für sich zu gewinnen. Das knallende Aufeinanderprallen der Hörner ist weithin zu hören. Das kleinere Gehörn der Geißen ähnelt dem der Ziegen, die wir vom Bauernhof kennen, aber Alpensteinböcke leben ausschließlich hoch in den Bergen, wo sie Gräser, Moose und Kräuter fressen.

Amphibien

Fadenmolch

Er sieht aus wie eine Mischung aus Frosch, Kröte, Salamander und Eidechse! Kenner ordnen ihn in die Familie der »Echten Salamander und Molche« ein. Sein auffälligstes Merkmal bekommt man leider selten zu Gesicht, wenn man ihn in einem Tümpel entdeckt. Man müsste ihn vorsichtig auf den Rücken drehen, um seinen orange-gelben Bauch zu sehen! Damit wollen die Männchen bei den Weibchen Eindruck schinden. Im Winter, wenn er das Wasser verlässt, verändert sich sein Körper: Die Haut wird trocken, rau und farblich unscheinbar. Tagsüber ruht er unter Steinen oder Baumstümpfen und kommt nur nachts heraus.

Insekten

1. Zitronenfalter

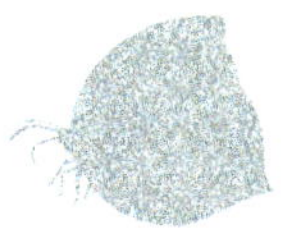

Im Winter ist er selten zu sehen, es sei denn, die Sonne scheint und er fliegt kurz umher. Die übrige Zeit sitzt er bewegungslos an einem Ast oder zwischen trockenem Laub, wo er dank seiner grün-gelben Farbe kaum auffällt. Manchmal genügt es, vorsichtig das Efeu abzusuchen, um ihn zu entdecken. Zitronenfalter verharren den gesamten Winter dort. Mit den ersten warmen Frühlingstagen verlassen sie ihre Verstecke und beginnen bald darauf mit der Eiablage an ihren Wirtspflanzen. Aus den Eiern schlüpfen kleine Raupen, die dann genau die Nahrung finden, die sie brauchen.

2. Erdhummel-Königin

Zwischen Februar und März sieht man häufig eine besonders große Hummel laut brummend durch die Luft fliegen oder behäbig über den Boden kriechen. Die Königin der Dunklen Erdhummel sucht nach einem geeigneten Ort für ihr neues Nest! Am liebsten nutzt sie verlassene Erdlöcher von Mäusen oder anderen Tieren. Dort baut sie aus Wachs kleine Kammern für den Nachwuchs. Danach sammelt sie Nektar und Pollen, um ihre Brut zu ernähren. Sobald ihre Arbeiterinnen geschlüpft sind, übernehmen diese die Nahrungssuche und die Königin bleibt im Nest.

3. Wurmfliege

Wer auf dem Land wohnt, ist daran gewöhnt, Hunderte von Fliegen auf dem Speicher vorzufinden. Die Wurmfliege ist an ihrem schwarz-weiß gefleckten Hinterleib und den gelblichen Haaren auf dem mittleren Körperabschnitt zu erkennen. Vor Regen, Kälte und Wind geschützt, wartet sie auf den Frühling. Manchmal findet sie den Ausgang nicht und fliegt immer wieder gegen ein Fenster. Kommt sie nicht ins Freie, stirbt sie. Daher findet man manchmal viele tote Fliegen auf dem Boden.

4. Feuerwanze

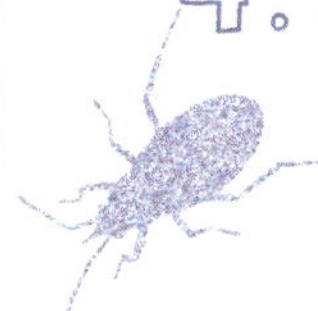

Ihren Namen verdankt die Gemeine Feuerwanze ihrer schwarz-roten Musterung. In manchen Gegenden wird sie auch Feuerkäfer genannt, was irreführend ist, denn sie kann nicht fliegen. Häufig versammeln sich Feuerwanzen in großer Zahl an einer geschützten Stelle, wo sie Nahrung finden. Wenn du sie aus der Nähe betrachtest, kannst du sehen, dass ihr Muster auf dem Rücken wie eine Maske mit großen runden Augen aussieht! Ihr Lieblingsbaum ist die Linde, deren herabfallende Samen sie mit ihrem Stechrüssel aussaugt.

1
2
3
4

Spinnentiere

Gartenkreuzspinne

Unter den Webspinnen, die mit ihrer Spinnenseide große Netze bauen, zählt diese Kreuzspinne du den Meisterinnen! Ihre Netze sind riesig und im Sommer oder Herbst leicht zu erkennen. Bevor der Winter hereinbricht, spinnt sie einen Kokon, in den sie ihre Eier legt. In diesem seidenen Versteck überstehen die Eier den gesamten Winter. Die Chancen stehen gut, im Garten an einer Mauer oder in einem Strauch einen solchen Kokon zu entdecken, wenn du danach suchst! Im Frühling schlüpfen daraus kleine Spinnen, die sogleich ihr Spinnenleben beginnen können!

Weichtiere

Weinbergschnecke

Diese große Schnecke verbringt den ganzen Winter in ihrem Schneckenhaus. Bevor sie sich dorthin zurückzieht, gräbt sie sich in die Erde ein, indem sie sich einen Tunnel bahnt. Sobald dieser tief genug ist, fabriziert sie aus ihrem Schleim einen festen Deckel, mit dem sie die Öffnung ihres Hauses verschließt. So wartet sie, vor Kälte und Nässe geschützt, auf den Frühling. Im Winter bekommst du also keine Weinbergschnecke zu Gesicht! Diese Prozedur wiederholt die Schnecke bis zu sieben Mal, denn sie kann über sieben Jahre alt werden.

Pflanzen

1. Efeu

Diese Pflanze klettert und klettert … manchmal bedeckt sie ganze Häuser oder Bäume! Uns Menschen gefällt das nicht immer, weil wir fürchten, das Efeu könnte den Baum ersticken. Dabei hält es sich nur an ihm fest, ohne ihn zu verletzen. Im Winter bleiben die Efeublätter grün und fallen nicht ab. Tieren wie dem Zitronenfalter dienen sie als Unterschlupf. Im Spätherbst sind die Efeublüten eine willkommene Nektarquelle für Insekten, im Winter laben sich die Vögel an den daraus hervorgegangenen Früchten.

2. Stechpalme

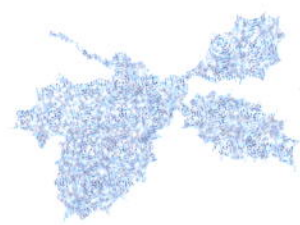

Im Winter ist diese Pflanze besonders beliebt, denn ihre Blätter bleiben grün und sie trägt kleine rote Früchte. Sie wird daher gerne für Adventsschmuck und weihnachtliche Tischdekorationen verwendet, aber Vorsicht: die Blätter stechen! Weil die Stechpalme ihre Blätter im Winter nicht abwirft, schmückt ihr Grün ganzjährig den Garten! In ihren Zweigen bauen Vögel Nester, und ihre Früchte stellen den ganzen Winter hindurch eine gute Nahrungsquelle dar. Amseln beispielsweise fressen die Früchte, scheiden die Samen woanders wieder aus und tragen somit zur Verbreitung der Pflanze bei!

3. Weihnachtsbaum (Fichte)

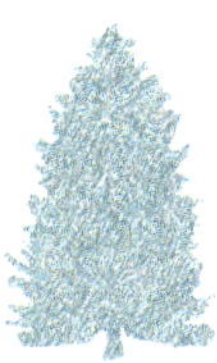

Fichten erkennt man an ihren hängenden Zapfen. Weil ihre Nadeln im Winter nicht abfallen, gilt sie als Symbol der Wiedergeburt. Schon bevor wir anfingen das christliche Weihnachten zu feiern, war die Wintersonnenwende am 21. Dezember ein Fest: Man feierte die Geburt des Sonnengottes, da von nun an die Tage wieder länger werden!

1

2

3

Aktiv im Winter

KOCHEN

FICHTENSIRUP

Dieser Sirup schmeckt gut zu Waffeln und Crêpes, im Joghurt oder im Quark. Und er hilft gegen Halsschmerzen!

Du benötigst:

- ungefähr 200 g junge Fichtenspitzen (gewaschen und abgetropft; nicht mit der giftigen Eibe verwechseln!)
- 1 Liter Wasser
- 200 g Zucker

- Lass die Fichtenspitzen etwa eine Stunde lang auf kleiner Flamme in 1 Liter Wasser kochen.
- Den Sud bis zum nächsten Tag ruhen lassen.
- Gieße den Sud durch ein Sieb und presse die Fichtenspitzen gründlich aus.
- Den Zucker hinzugeben, die Flüssigkeit wieder in den Kochtopf füllen und so lange köcheln lassen, bis ein dickflüssiger Sirup entstanden ist.
- Gib einen Schuss Zitrone hinzu und gieße den noch heißen Sirup in eine trockene, saubere und dicht verschließbare Glasflasche.
  Sobald er abgekühlt ist, kannst du ihn probieren. Der Sirup ist viele Monate lang haltbar.

DIE QUADRANTIDEN BEOBACHTEN: STERNSCHNUPPEN IM WINTER!

Die Quadrantiden zählen zu den eindrucksvollsten und aktivsten Sternschnuppenschwärmen und sind ein jährlich wiederkehrender Meteorstrom! Der Name leitet sich vom heute nicht mehr bekannten Sternbild Mauerquadrant her. Das Phänomen tritt zwischen dem 1. und dem 6. Januar auf und erreicht seinen Höhepunkt in der Nacht vom 3. auf den 4. Januar, zwischen den Sternbildern Drache, Bärenhüter und Großer Bär.

WERKELN

EIN UNTERSCHLUPF FÜR SOLITÄRBIENEN

Manche Wildbienen bauen ihr Nest gern in Holz. Sie sind harmlos, und wenn du ihnen diesen Nistplatz baust, kannst du sie beobachten und erstaunliche Dinge über sie erfahren. Lass dir von einem Erwachsenen helfen.

- Für einen dauerhaften Nistort brauchst du hartes, abgelagertes Holz (Eiche, Esche, Buche) von 20–30 cm Durchmesser.
- In den Holzklotz ca. 10 cm tiefe, unterschiedlich große (2,6–10 mm) Löcher bohren, von jedem Durchmesser mindestens fünf Stück! Mindestabstand: 2 cm.

Achtung: Das Holzstück darf nicht ganz durchbohrt werden!

- Auf dem Balkon, an einer Mauer oder auf einem Pflock in 30–40 cm Höhe an einem regen- und windgeschützten, sonnigen Ort (Süd-Ost-Ausrichtung) befestigen.
- Steht die Nisthilfe nicht trocken, kannst du aus vorhandenen Materialien (alte Ziegel, Blech, Kunststoff usw.) ein kleines Dach bauen.

Register

Impressum

Édition Originale:
Mon cahier des 4 saisons

1. Auflage 2020

moses. Verlag GmbH
Arnoldstraße 13d
47906 Kempen
Fon 02152 – 20 98 50
Fax 02152 – 20 98 60
Mail info@moses-verlag.de
www.moses-verlag.de

MIX
Papier aus verantwortungsvollen Quellen
FSC® C022030
www.fsc.org

ISBN 978-3-96455-089-7

Text: François Lasserre
Illustrationen: Isabelle Simler
Übersetzung: Stefanie Kuballa-Cottone
Lektorat, Typographie und Satz: Weiß-Freiburg GmbH
Redaktion: Ina Lutterbüse

Printed in France

Kuckuck

Teichfrosch

Steinläufer

Haubentaucher

Gehörnte Mauerbiene

Maiglöckchen

Türkentaube

Rapsweißling

Rosskastanie

Wildkaninchen

Märzfliege

Primeln

Steinmarder

Distelfalter

Wilder Fenchel

Dachs

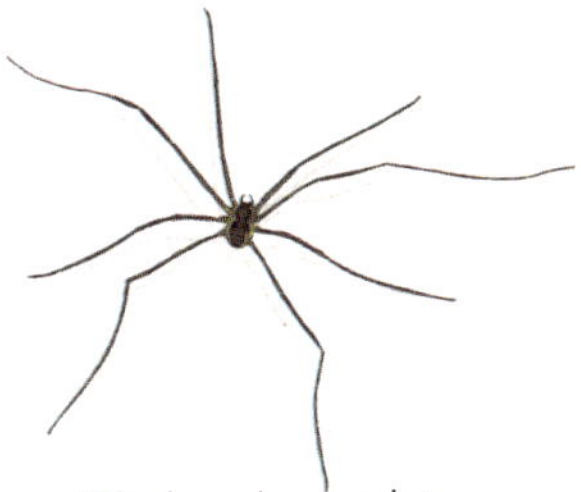
Weberknecht

Flieder

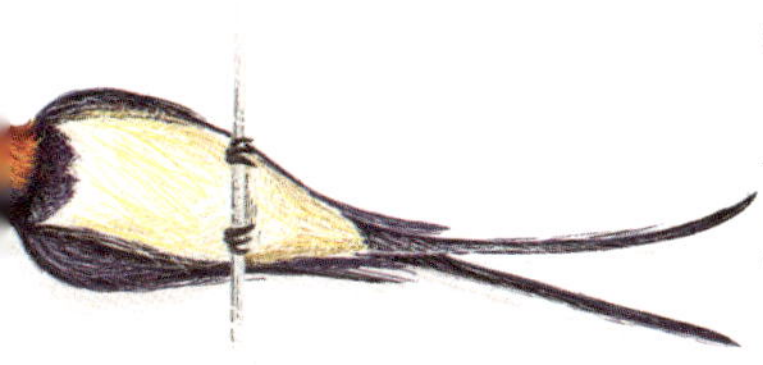
Rauchschwalbe

Blutzikade

FRÜHLING

FRÜHLING
FRÜHLING
FRÜHLING
FRÜHLING
FRÜHLING
FRÜHLING
FRÜHLING
FRÜHLING
FRÜHLING
FRÜHLING
FRÜHLING
FRÜHLING
FRÜHLING
FRÜHLING
FRÜHLING
FRÜHLING
FRÜHLING
FRÜHLING
FRÜHLING
FRÜHLING

Mauersegler

Mauereidechse

Gemeine Wespe

Silbermöwe

Stubenfliege

Gottesanbeterin

Flussseeschwalbe

Ringelnatter

Großes Grünes Heupferd

Grünspecht

Europäischer Laubfrosch

Blauflügel-Prachtlibelle

Feldhase

Junikäfer

Zwetschge

Gämse

Glühwürmchen

Schmalblättriges Weidenröschen

Murmeltier

Labyrinthspinne

Blütendolde der Wilden Möhre

SOMMER
SOMMER
SOMMER
SOMMER
SOMMER
SOMMER
SOMMER
SOMMER
SOMMER
SOMMER
SOMMER
SOMMER
SOMMER
SOMMER
SOMMER
SOMMER
SOMMER
SOMMER
SOMMER
SOMMER
SOMMER

Rotkehlchen

Erdkröte

Hagebutten

Rabenkrähe

Heidelibelle

Esskastanien

Elster

Asiatischer Marienkäfer

Walnussbaum

Lachmöwe

Hornisse

Birnbaum

Feuersalamander

Hauswinkelspinne

Apfelbaum

Eichhörnchen

Wespenspinne

Rothirsch

Regenwurm

HERBST HERBST HERBST

HERBST HERBST HERBST

HERBST HERBST HERBST

HERBST HERBST HERBST

HERBST HERBST HERBST

HERBST HERBST HERBST

HERBST HERBST HERBST